GESUNDHEITSTECHNIK IM HAUSBAU

von

RICHARD SCHACHNER

o. Professor der technischen Hochschule

München

Mit 206 Abbildungen und 1 Tafel.

DRUCK UND VERLAG VON R. OLDENBOURG

MÜNCHEN UND BERLIN 1926

www.ingramcontent.com/pod-product-compliance
Lightning Source LLC
Chambersburg PA
CBHW022311240326
41458CB00164BA/827
9783486753585